うんこドリル

東京大学との共同研究で学力向上・学習意欲向上が実証

❶ 学習効果UP!⬆

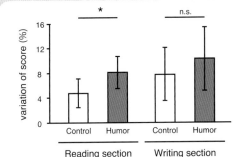

variation of score (%)

*　　　n.s.

Control　Humor　Control　Humor

Reading section　　Writing section

※ 「うんこドリル」とうんこではないドリルの、正答率の上昇を示したもの。
Control＝うんこではないドリル　／　Humor＝うんこドリル
Reading section＝読み問題　／　Writing section＝書き問題

うんこドリルで学習した場合の成績の上昇率は、うんこではないドリルで学習した場合と比較して **約60%高い**という結果になったのじゃ！

オレンジのグラフがうんこドリルの学習効果なのじゃ！

❷ 学習意欲UP!⬆

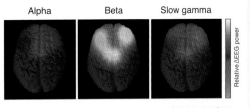

Alpha　　Beta　　Slow gamma

Relative ΔEEG power

※ 「うんこドリル」とうんこではないドリルの閲覧時の、脳領域の活動の違いをカラーマップで表したもの。左から「アルファ波」「ベータ波」「スローガンマ波」。明るい部分ほど、うんこドリル閲覧時における脳波の動きが大きかった。

うんこドリルで学習した場合「記憶の定着」に**効果的である**ことが確認されたのじゃ！

明るくなっているところが、うんこドリルが優位に働いたところなのじゃ！

共同研究　東京大学薬学部　池谷裕二教授

1998年に東京大学にて薬学博士号を取得。2002〜2005年にコロンビア大学（米ニューヨーク）に留学をはさみ、2014年より現職。専門分野は神経生理学で、脳の健康について探究している。また、2018年よりERATO脳AI融合プロジェクトの代表を務め、AIチップの脳移植による新たな知能の開拓を目指している。
文部科学大臣表彰 若手科学者賞（2008年）、日本学術振興会賞（2013年）、
日本学士院学術奨励賞（2013年）などを受賞。

著書：『海馬』『記憶力を強くする』『進化しすぎた脳』
論文：Science 304:559、2004、同誌 311:599、2011、同誌 335:353、2012

先生のコメントはウラへ ➡

考察　池谷裕二教授より

教育において、ユーモアは児童・生徒を学習内容に注目させるために広く用いられます。先行研究によれば、ユーモアを含む教材では、ユーモアのない教材を用いたときよりも学習成績が高くなる傾向があることが示されていました。これらの結果は、ユーモアによって児童・生徒の注意力がより強く喚起されることで生じたものと考えられますが、ユーモアと注意力の関係を示す直接的な証拠は示されてきませんでした。そこで本研究では9～10歳の子どもを対象に、電気生理学的アプローチを用いて、ユーモアが注意力に及ぼす影響を評価することとしました。

本研究では、ユーモアが脳波と記憶に及ぼす影響を統合的に検討しました。心理学の分野では、ユーモアが学習促進に役立つことが提唱されていますが、ユーモアが学習における集中力にどのような影響を与え、学習を促すのかについてはほとんど知られていません。しかし、記憶のエンコーディングにおいて遅いγ帯域の脳波が増加することが報告されていることと、今回我々が示した結果から、ユーモアは遅いγ波を増強することで学習促進に有用であることが示唆されます。
さらに、ユーモア刺激によるβ波強度の増加も観察されました。β波の活動は視覚的注意と関連していることが知られていること、集中力の程度は体の動きで評価できることから、本研究の結果からは、ユーモアがβ波強度の増加を介して集中度を高めている可能性が考えられます。

これらの結果は、ユーモアが学習に良い影響を与えるという
instructional humor processing theory を支持するものです。

※ J. Neuronet., 1028:1-13, 2020　http://neuronet.jp/jneuronet/007.pdf　　**東京大学薬学部　池谷裕二教授**

詳しい情報は
こちらをチェック！

今日のせいせき
まちがいが

0~2こ
よくできたね！
3~5こ
できたね
6こ～
がんばれ

かけ算のきまり

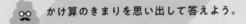
かけ算のきまりを思い出して答えよう。

1 ◻️にあてはまる数を書きましょう。

① 5×7の答えは，5×6の答えより ⎡5⎤ 大きい。

このことを式に表すと，5×7=5×6+⎡5⎤

② 8×4の答えは，8×5の答えより ⎡　⎤ 小さい。

このことを式に表すと，8×4=8×5−⎡　⎤

2 ◻️にあてはまる数を書きましょう。

① 4×6=4×5+⎡4⎤   ② 7×3=7×2+⎡　⎤

③ 6×8=6×7+⎡　⎤   ④ 9×6=9×5+⎡　⎤

⑤ 9×4=9×5−⎡　⎤   ⑥ 3×7=3×8−⎡　⎤

3 ◻️にあてはまる数を書きましょう。

かける数とかけられる数を入れかえても答えは同じになるぞい。

① 7×5=5×⎡7⎤   ② 4×6=6×⎡　⎤

③ 2×7=⎡　⎤×2   ④ 6×3=⎡　⎤×6

⑤ 9×⎡　⎤=2×9   ⑥ ⎡　⎤×4=4×8

1

4 8×9の答えのもとめ方を2通り考えます。

かけられる数8を
2つに分ける。

$⑤×9=45$
$③×9=27$

あわせて ▢

かける数9を
2つに分ける。

$8×⑤=40$
$8×④=32$

あわせて ▢

5 ▢にあてはまる数を書きましょう。

① $9×7$

$5×7=35$
$▢×7=▢$

あわせて ▢

② $7×6$

$7×2=14$
$7×▢=▢$

あわせて ▢

2

１０や０のかけ算

今日のせいせき
まちがいが

0〜2こ
よくできたね！

3〜5こ
できたね

6こ〜
がんばれ

 10のかけ算は，かける数やかけられる数に0を1つ
つけた数が答えになるね。0に何をかけても答えは0だよ。

 10×3や8×10の答えのもとめ方を考えます。

10×3

・10×3=10+10+10=③⓪

・⑩×3 ⎰ ⑥× 3 = 18
         ⎱ ④× 3 = 12
         ────────────
         あわせて ③⓪

8×10

・8×10=8×9+8= ⑧⓪

・8×10=10×8= ⑧⓪

・8×⑩ ⎰ 8×⑦=56
         ⎱ 8×③=24
         ────────────
         あわせて ⑧⓪

 かけ算をしましょう。

① 10×7

② 10×4

③ 10×9

④ 5×10

⑤ 6×10

⑥ 3×10

⑦ 9×10

⑧ 8×0

⑨ 0×6

⑩ 0×0

うんこ先生からの
ちょうせんじょう 1

~どんなメッセージ？~

外国の昔（むかし）の数字を研究（けんきゅう）しているお父さんからなぞのメッセージがとどいた！
どんなメッセージだろう？暗号表（あんごうひょう）を使（つか）って考えよう。

ア〜オのじゅんに読（よ）んでくれ。

V	×	IV	=	ア
X	×	I	=	イ
LXX	+	XXX	=	ウ
C	− LXXX	− V	=	エ
L	− V		=	オ

暗号表①

I	II	III	IV	V
1	2	3	4	5

VI	VII	VIII	IX	X
6	7	8	9	10

XX	XXX	XL	L	LX
20	30	40	50	60

LXX	LXXX	XC	C
70	80	90	100

暗号表②

5 ＝ か　　10 ＝ ん
15 ＝ で　　20 ＝ う
25 ＝ ね　　30 ＝ ば
35 ＝ や　　40 ＝ い
45 ＝ る　　50 ＝ も
100 ＝ こ

メッセージは ＿＿＿＿＿＿＿＿＿＿＿＿

💩 九九を思い出しながら，あてはまる数を考えよう。

☁ **1** □にあてはまる数を書きましょう。

① $9 \times \boxed{3} = 27$　　② $6 \times \boxed{} = 18$

③ $8 \times \boxed{} = 72$　　④ $7 \times \boxed{} = 28$

⑤ $6 \times \boxed{} = 54$　　⑥ $3 \times \boxed{} = 15$

⑦ $9 \times \boxed{} = 63$　　⑧ $4 \times \boxed{} = 8$

⑨ $5 \times \boxed{} = 40$　　⑩ $8 \times \boxed{} = 0$

⑪ $\boxed{} \times 6 = 24$　　⑫ $\boxed{} \times 9 = 27$

⑬ $\boxed{} \times 4 = 16$　　⑭ $\boxed{} \times 6 = 42$

⑮ $\boxed{} \times 8 = 72$　　⑯ $\boxed{} \times 3 = 9$

⑰ $\boxed{} \times 5 = 5$　　⑱ $\boxed{} \times 7 = 42$

2 □にあてはまる数を書きましょう。

① $7 \times \boxed{} = 21$

② $\boxed{} \times 5 = 30$

③ $\boxed{} \times 8 = 16$

④ $\boxed{} \times 8 = 24$

⑤ $9 \times \boxed{} = 36$

⑥ $6 \times \boxed{} = 24$

⑦ $4 \times \boxed{} = 0$

⑧ $\boxed{} \times 6 = 48$

⑨ $\boxed{} \times 9 = 45$

⑩ $7 \times \boxed{} = 56$

⑪ $8 \times \boxed{} = 32$

⑫ $\boxed{} \times 7 = 28$

⑬ $\boxed{} \times 6 = 54$

⑭ $5 \times \boxed{} = 5$

うんこ文章題に
チャレンジ！
1

「サンダーうんこスティック」を1本作るのにうんこを8こ使います。「サンダーうんこスティック」を10本作るには，うんこは何こ使いますか。

式

答え ＿＿＿＿＿＿＿＿＿＿＿

4 10より大きい数の かけ算

今日のせいせき
まちがいが

0~2こ
よくできたね！

3~5こ
できたね
6こ~
がんばれ

 10より大きい数は，10といくつに分けて考えよう。

 13×6の答えのもとめ方を，かけ算のきまりを使って考えます。

$$10 \times 6 = 60$$
$$3 \times 6 = 18$$

あわせて 78

かけられる数
13を10と3に
分けると計算が
ラクになるぞい。

2 ◯にあてはまる数を書きましょう。

① 12×4

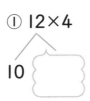

10

$$10 \times 4 = \boxed{}$$
$$\boxed{} \times 4 = \boxed{}$$

あわせて $\boxed{}$

② 14×7

10

$$\boxed{} \times 7 = \boxed{}$$
$$\boxed{} \times 7 = \boxed{}$$

あわせて $\boxed{}$

3 かけ算をしましょう。

① 11×9　　　　② 17×3　　　　③ 13×7

④ 18×4　　　　⑤ 3×12　　　　⑥ 5×16

⑦ 16×3　　　　⑧ 8×12

第9位

UNKO WORTH 13DAYS
13日分のうんこ

心にのこる名作から大ヒット作品まで！

うんこをそまつにあつかった者は，満月の夜，「ヤツ」におそわれるだろう…。あまりのこわさに失神者続出のホラー映画！

8

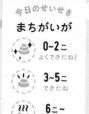

5 かくにんテスト 1

点

今日のせいせき
まちがいが
0~2こ よくできたね！
3~5こ できたね
6こ~ がんばれ

1 □にあてはまる数を書きましょう。

〈1つ2点〉

① $2\times8=2\times7+$□

② $6\times7=6\times6+$□

③ $4\times7=4\times8-$□

④ $8\times3=8\times4-$□

⑤ $9\times5=5\times$□

⑥ $5\times8=$□$\times5$

⑦ $7\times$□$=2\times7$

⑧ □$\times4=4\times3$

2 かけ算をしましょう。

〈1つ2点〉

① 10×6

② 0×7

③ 2×10

④ 10×3

⑤ 4×0

⑥ 8×10

⑦ 10×7

⑧ 0×8

⑨ 3×0

⑩ 5×0

⑪ 0×10

⑫ 10×5

⑬ 4×10

⑭ 0×9

3 ◻にあてはまる数を書きましょう。

〈1つ2点〉

① 8 × ◻ ＝ 56

② ◻ × 2 ＝ 2

③ ◻ × 9 ＝ 63

④ 5 × ◻ ＝ 20

⑤ 9 × ◻ ＝ 45

⑥ ◻ × 9 ＝ 36

⑦ ◻ × 8 ＝ 48

⑧ ◻ × 6 ＝ 30

⑨ 4 × ◻ ＝ 20

⑩ 7 × ◻ ＝ 14

4 かけ算をしましょう。

〈1つ2点〉

① 13×6

② 5×12

5 次のうち，映画「13日分のうんこ」はどちらですか。

〈32点〉

何十，何百のかけ算

今日のせいせき
まちがいが

0~2こ
よくできたね！
3~5こ
できたね
6こ~
がんばれ

 何十や何百のかけ算は，10や100のまとまりで考えるよ。

 40×3の計算のしかたを考えます。

10のまとまりで考える。

40は，10が $\boxed{4}$ こだから，

40×3は，10が $\boxed{4 \times 3}$ こ。

4×3は12なので，10が12こで $\boxed{120}$

だから，40×3＝ $\boxed{120}$

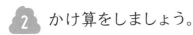 かけ算をしましょう。

① 20×8

② 70×3

③ 90×2

④ 30×9

⑤ 60×5

⑥ 80×6

⑦ 300×7

⑧ 800×4

⑨ 900×3

⑩ 400×2

⑪ 700×9

⑫ 500×4

3 かけ算をしましょう。

① 200×6

② 600×7

③ 400×4

④ 20×9

⑤ 90×6

⑥ 700×8

⑦ 600×3

⑧ 400×5

⑨ 20×7

⑩ 600×2

⑪ 800×9

⑫ 50×2

⑬ 400×8

⑭ 200×5

⑮ 90×4

⑯ 700×3

うんこ文章題に
チャレンジ！
2

重さ70kgのうんこが5こあります。その下に，ぼくのかっていたアリがかくれてしまいました。スーパーヒーローをよんで，うんこを全部持ち上げてもらいました。持ち上げたうんこの重さは全部で何kgですか。

式

答え _____

2けたの数に1けたの数を
かけるかけ算①

 まずは，かけ算の筆算のしかたをおぼえよう。

1 32×3の筆算のしかたを考えます。

❶ 位をたてに
そろえて書く。

❷「三二が6」の
6を一の位に
書く。

❸「三三が9」の
9を十の位に
書く。

2 筆算で計算をしましょう。

①
```
    1 2
  ×   3
```

②
```
    4 3
  ×   2
```

③
```
    1 1
  ×   6
```

④
```
    2 4
  ×   2
```

⑤
```
    3 3
  ×   3
```

⑥
```
    2 1
  ×   4
```

⑦
```
    2 3
  ×   3
```

⑧
```
    1 1
  ×   8
```

⑨
```
    4 2
  ×   2
```

筆算で計算をしましょう。

① 32×2　② 13×3　③ 22×4　④ 34×2　⑤ 11×7

⑥ 12×4　⑦ 31×3　⑧ 44×2　⑨ 21×3

テストに出るうんこ

世界の人気うんこ映画

心にのこる名作から大ヒット作品まで！

ベスト
10

第8位

ミッション：うんこッシブル
MISSION:UNKOSSIBLE

全世界で特大ヒットのスパイアクション映画！
伝説の宝石「ファラオのうんこ」を盗み出せ！

14

2けたの数に1けたの数を
かけるかけ算②

今日のせいせき
まちがいが

0~2こ
よくできたね！

3~5こ
できたね

6こ～
がんばれ

かけ算の答えが3けたの数のかけ算の筆算だよ。
答えを書く位をまちがえないようにね。

1 62×4の筆算のしかたを考えます。

❶ 位をたてに
そろえて書く。

❷「四二が8」の
8を一の位に書く。

❸「四六24」の
4を十の位，
2を百の位に書く。

2 筆算で計算をしましょう。

①
```
  7 1
× 　4
─────
```

②
```
  9 2
× 　4
─────
```

③
```
  5 1
× 　6
─────
```

④
```
  7 2
× 　3
─────
```

⑤
```
  8 2
× 　3
─────
```

⑥
```
  5 4
× 　2
─────
```

⑦
```
  6 2
× 　3
─────
```

⑧
```
  4 1
× 　9
─────
```

⑨
```
  8 3
× 　2
─────
```

3 筆算で計算をしましょう。

① 61×8

```
  6 1
× 　8
```

② 53×3

③ 84×2

④ 72×4

⑤ 42×3

⑥ 81×7

⑦ 63×3

⑧ 91×5

⑨ 64×2

うんこ文章題に
チャレンジ！
3

「第3回全日本ベストうんこコンテスト」が
開かれました。毎年73こずつ「ベストうんこ」
がえらばれています。第1回から第3回までで，
何この「ベストうんこ」がえらばれていますか。

筆算

式

答え ＿＿＿＿＿＿＿＿＿＿

2けたの数に1けたの数をかけるかけ算③

くり上がりがあるかけ算をするときは
くり上がる数をメモするといいよ。

1 18×3の筆算（ひっさん）のしかたを考えます。

   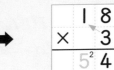

❶ 位（くらい）をたてに
そろえて書く。

❷「三八24」の4を
一の位に書き，
2を十の位に
くり上げる。

❸「三一が3」の3に
くり上げた2を
たして5。5を
十の位に書く。

2 筆算で計算をしましょう。

①
```
  4 6
× 　2
─────
```

②
```
  1 8
× 　4
─────
```

③
```
  2 5
× 　3
─────
```

④
```
  1 6
× 　4
─────
```

⑤
```
  2 6
× 　3
─────
```

⑥
```
  3 5
× 　2
─────
```

⑦
```
  2 7
× 　3
─────
```

⑧
```
  3 6
× 　2
─────
```

⑨
```
  1 6
× 　5
─────
```

うんこ先生からの
ちょうせんじょう❷

~おつかいをたのまれて~

お母さんからわたされたお買い物メモの上に，
うっかりうんこをしてしまい，読めなくなってしまった！

お買い物メモ

にんじん 1本 50円 を 3本 で 150円

じゃがいも 1こ 48円 を 2こ で 円

玉ねぎ 1こ 62円 を 2こ で 円

肉 1パック 200円 を 3パック で 600円

全部買っておつりがいちばん少なくなる

さいふを持っていってね！　母より

どのさいふを持っていけばよいですか。ⓐ～ⓒの中からえらんで，〇をつけよう。

1500円　ⓐ

1000円　ⓘ

800円　ⓤ

2けたの数に1けたの数を かけるかけ算④

くり上がりが2回あるかけ算だよ。
くり上がった数をメモしておこう。

1 37×4の筆算（ひっさん）のしかたを考えます。

❶ 位（くらい）をたてに
そろえて書く。

❷ 「四七28」の8を
一の位に書き，
2を十の位に
くり上げる。

❸ 「四三12」の12に
くり上げた2を
たして14。
十の位に4，
百の位に1を書く。

2 筆算で計算をしましょう。

①
```
  4 3
×   7
─────
```

②
```
  8 9
×   2
─────
```

③
```
  9 6
×   5
─────
```

④
```
  6 5
×   3
─────
```

⑤
```
  5 6
×   8
─────
```

⑥
```
  2 7
×   6
─────
```

⑦
```
  3 4
×   6
─────
```

⑧
```
  7 8
×   4
─────
```

⑨
```
  3 9
×   9
─────
```

3 筆算で計算をしましょう。

① 59×8

② 47×5

③ 64×3

④ 48×6

⑤ 32×9

⑥ 27×4

⑦ 56×2

⑧ 85×7

⑨ 74×8

第7位

うんこたちの沈黙

天才的な頭脳をもつフンバル・クッソ博士は，うんこを使って人の心をあやつる，おそろしい犯罪者だった…。

11 3けたの数に1けたの数を かけるかけ算①

かけられる数が3けたの数になっても,
筆算のしかたは今までと同じだよ。

☁1 412×3の筆算のしかたを考えます。

```
  4 1 2        4 1 2        4 1 2
×     3      ×     3      ×     3
      6          3 6      1 2 3 6
```

❶「三二が6」の6を
一の位に書く。

❷「三一が3」の3を
十の位に書く。

❸「三四12」の2を
百の位，1を
千の位に書く。

☁2 筆算で計算をしましょう。

①
```
  2 1 3
×     3
```

②
```
  3 4 2
×     2
```

③
```
  5 1 2
×     4
```

④
```
  8 1 3
×     2
```

⑤
```
  6 2 2
×     4
```

⑥
```
  5 1 1
×     6
```

3 筆算で計算をしましょう。

① 321×3

② 734×2

③ 312×4

④ 711×5

⑤ 731×3

⑥ 614×2

テストに出るうんこ

世界の人気うんこ映画

ベスト10

第6位 うんこ城のプリンセス

心にのこる名作から大ヒット作品まで！

1000年に一度，国中がうんこでつつまれるロマンチックな日。
少女ピピは，お姉さんを探す旅に出た。

12 3けたの数に1けたの数を かけるかけ算②

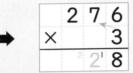

💩 くり上がりのあるかけ算はまちがえやすいので，
くり上がった数をわすれないようにメモしておこう。

☁ **1** 276×3の筆算（ひっさん）のしかたを考えます。

```
  2 7 6        2 7 6        2 7 6
×     3      ×     3      ×     3
─────────    ─────────    ─────────
      1 8      2 1 8        8 2 1 8
                 8
```

❶「三六18」の1を
十の位に
くり上げる。

❷「三七21」の21に
くり上げた1をたして
22。百の位に2を
くり上げる。

❸「三二が6」の
6にくり上げた
2をたして8。

☁ **2** 筆算で計算をしましょう。

①
```
  3 8 6
×     2
───────
```

②
```
  1 8 3
×     5
───────
```

③
```
  1 8 6
×     4
───────
```

④
```
  1 5 7
×     3
───────
```

⑤
```
  4 6 9
×     2
───────
```

⑥
```
  2 5 4
×     3
───────
```

3 筆算で計算をしましょう。

① 298×3

```
    2 9 8
×       3
```

② 134×7

③ 457×2

④ 125×6

⑤ 247×4

⑥ 123×5

うんこ文章題に
チャレンジ！
4

「うんこからの脱出」は147分の映画です。おじいちゃんはこの映画が大すきで，先週の日曜日には，6回れんぞくでみていました。全部で何分間みていましたか。

筆算

式

答え＿＿＿＿＿＿＿＿＿＿

13

3けたの数に1けたの数を かけるかけ算③

十の位や百,千の位にくり上がりのある筆算だよ。
何度も練習しよう。

今日のせいせき
まちがいが

0~2こ
よくできたね！

3~5こ
できたね

6こ~
がんばれ

1 354×6の筆算のしかたを考えます。

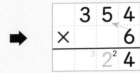

❶「六四24」の2を
十の位に
くり上げる。

❷「六五30」の
30にくり上げた
2をたして32。
百の位に3を
くり上げる。

❸「六三18」の
18にくり上げた
3をたして21。

2 筆算で計算をしましょう。

①
```
   7 8 1
×      3
───────
```

②
```
   2 3 6
×      9
───────
```

③
```
   4 2 3
×      7
───────
```

④
```
   4 9 7
×      4
───────
```

⑤
```
   3 7 7
×      7
───────
```

⑥
```
   6 8 9
×      6
───────
```

25

① 649×5

② 854×7

③ 715×8

④ 978×4

⑤ 582×6

⑥ 163×9

第5位

うんこからの脱出

どんなときでも，おれは最後まで希望をすてたりしない――。
うんこでできたろうやから，50年かけてにげ出した男がいた！

14 3けたの数に1けたの数を かけるかけ算④

かけられる数に0のある数のかけ算をするよ。
位に気をつけて計算しよう。

1 502×3の筆算のしかたを考えます。

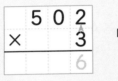
❶「二二が6」

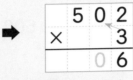
❷「三れいが0」

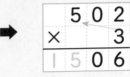
❸「三五15」

「三五15」の15は500×3=1500の15のことだから,
5は百の位,1は千の位に書くのじゃ。

2 筆算で計算をしましょう。

①
```
  2 0 3
× 　　5
```

②
```
  6 0 1
× 　　4
```

③
```
  8 0 9
× 　　6
```

④
```
  3 7 0
× 　　9
```

⑤
```
  7 0 4
× 　　8
```

⑥
```
  8 6 0
× 　　2
```

3 筆算で計算をしましょう。

① 708×3

② 680×7

③ 904×8

④ 502×4

⑤ 403×6

⑥ 805×2

職員室をのぞくと，3人の先生がうんこを持って立っていました。3人とも，手に402こずつのミニうんこを持っています。先生たちが手に持っているミニうんこは全部で何こですか。

筆算

式

答え ＿＿＿＿＿＿＿＿＿

28

今日のせいせき
まちがいが

 0~2こ
よくできたね！

 3~5こ
できたね

6こ~
がんばれ

 2けた×1けたのかけ算を暗算でできるやり方を身につけよう。

 24×3の暗算のしかたを考えます。

かけられる数の**24**を，何十といくつに分けて考える。

24 ×3

20 4

20 ×3＝60

4 ×3＝12

あわせて 72

 暗算で計算をしましょう。

① 17×4

② 46×2

③ 53×5

④ 29×5

⑤ 38×3

⑥ 15×8

⑦ 81×9

10より大きい数を
「何十といくつ」に
分けるのじゃ。

3 暗算で計算をしましょう。

① 65×2

60 5

② 59×3

③ 42×5

④ 16×7

⑤ 94×8

⑥ 38×6

⑦ 13×9

⑧ 27×4

⑨ 74×6

⑩ 36×4

16 かくにんテスト 2

点

1 かけ算をしましょう。　　　　　　　　〈1つ3点〉

① 70×6　　　　　　② 40×5

③ 600×4　　　　　④ 500×6

2 筆算で計算をしましょう。　　　　　　　〈1つ3点〉

①
```
    4 5
×     2
```

②
```
    4 3
×     8
```

③
```
    6 5
×     9
```

④
```
  1 9 4
×     6
```

⑤
```
  2 5 6
×     4
```

⑥
```
  8 3 7
×     5
```

⑦
```
  3 0 8
×     7
```

⑧
```
  4 9 0
×     5
```

⑨
```
  9 2 8
×     6
```

⑩
```
  5 4 9
×     9
```

31

3 <ruby>筆<rt>ひっ</rt></ruby><ruby>算<rt>さん</rt></ruby>で計算をしましょう。

〈1つ3点〉

① 13×7

② 56×4

③ 73×6

④ 38×8

⑤ 84×9

⑥ 47×3

⑦ 741×5

⑧ 503×3

⑨ 852×6

⑩ 396×8

4 <ruby>世界<rt>せかい</rt></ruby>の人気うんこ<ruby>映画<rt>えいが</rt></ruby>ベスト10で<ruby>第<rt>だい</rt></ruby>6<ruby>位<rt>い</rt></ruby>の「うんこ<ruby>城<rt>じょう</rt></ruby>のプリンセス」は，何年に<ruby>一度<rt>いちど</rt></ruby>，国中がうんこにつつまれますか。

〈28点〉

あ 10年

い 100年

う 1000年

17 何十をかけるかけ算

今日のせいせき
まちがいが

0~2こ よくできたね！
3~5こ できたね

6こ~ がんばれ

 何十をかけるかけ算は，何十をいくつ×10と考えると，今まで習ったかけ算を使えるよ。

1 4×30の計算のしかたを考えます。

30を3の10倍と考えて，3×10とする。

$4 \times 30 = 4 \times 3 \times \boxed{10}$

$= 12 \times \boxed{10}$

$= \boxed{120}$

4×30の答えは，4×3の答えの10倍だから，12の右に0を1こつけた数になるのじゃ。

2 かけ算をしましょう。

① 6×70

② 9×30

③ 7×80

④ 8×50

⑤ 4×80

⑥ 9×60

⑦ 3×30

⑧ 2×50

⑨ 7×40

⑩ 8×70

⑪ 4×50

⑫ 7×90

⑬ 6×50

⑭ 5×40

3 かけ算をしましょう。

① 12×30

② 11×50

③ 24×20

④ 23×20

⑤ 90×40

⑥ 13×20

⑦ 14×20

⑧ 60×80

⑨ 21×30

⑩ 21×40

⑪ 80×50

⑫ 23×30

かける数が10倍になると答えも10倍になるんだね。

うんこ文章題に
チャレンジ！
6

　すなはまに，細長いうんこを何こもつなげてならべているおじさんがいました。「長さ**30m** のうんこを**50**こつなげたぞ！」と言っています。つながったうんこのはしからはしまでの長さは，何mですか。

式

答え _____

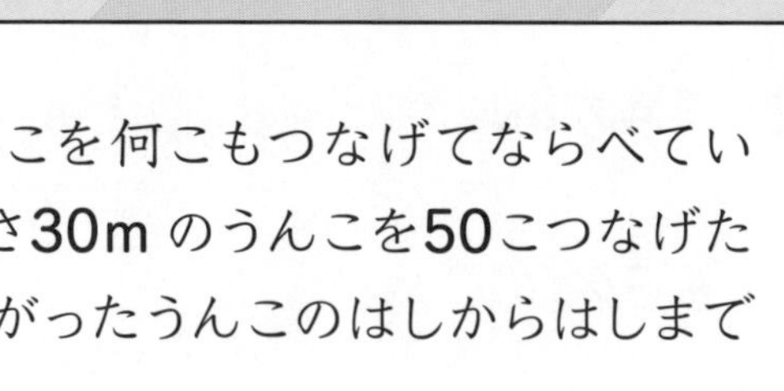

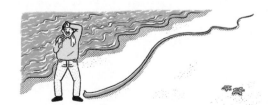

2けたの数に2けたの数を
かけるかけ算①

今日のせいせき
まちがいが

0~2こ
よくできたね！
3~5こ
できたね
6こ~
がんばれ

2けたの数をかけるかけ算の筆算だよ。
十の位の数をかけた計算は，書く位に気をつけよう。

1 13×21の筆算のしかたを考えます。

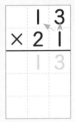 ➡ 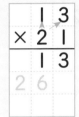 ➡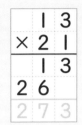

❶ 13の一の位，
十の位それぞれに
「21」の1をかける。

❷ 13の一の位，
十の位それぞれに
「21」の2をかける。

❸ 同じ位どうし
をたす。

かける数の十の位の計算は，かならず十の位にそろえて書こう。

2 筆算で計算をしましょう。

①
```
    1 2
×   2 3
―――――
    3 6
  2 4
```

②
```
    1 4
×   3 2
```

③
```
    2 3
×   3 1
```

④
```
    3 6
×   2 2
```

⑤
```
    1 5
×   1 3
```

⑥
```
    1 8
×   2 4
```

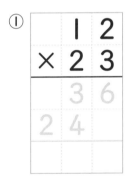

3 筆算で計算をしましょう。

① 28×13

② 36×21

③ 14×16

④ 13×33

⑤ 22×14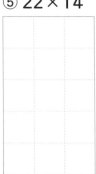

⑥ 35×12

今日のせいせき
まちがいが

0〜2こ
よくできたね！

3〜5こ
できたね

6こ〜
がんばれ

19 2けたの数に2けたの数を かけるかけ算②

かけ算の答えが4けたになる筆算をするよ。
計算のしかたは今までと同じ！

1 57×23の筆算のしかたを考えます。

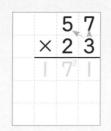  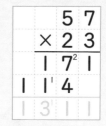

❶ 57の一の位，
十の位それぞれに
「23」の3をかける。

❷ 57の一の位，
十の位それぞれに
「23」の2をかける。

❸ 同じ位どうしを
たす。

2 筆算で計算をしましょう。

①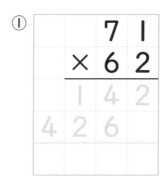

②
```
   3 5
 × 8 2
```

③
```
   4 1
 × 7 3
```

④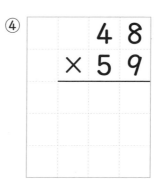

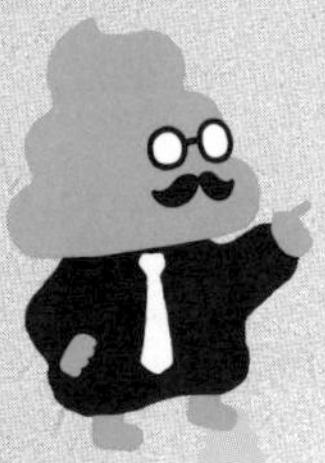

うんこ先生からの ちょうせんじょう 3

~漢字(かんじ)の計算~

□にあてはまる漢字を書こう。

① 木 ＋ 目 ＝ □

② 羽 ＋ 白 ＝ □

③ 日 ＋ 刀 ＋ 口 ＝ □

④ □ ＋ 力 ＝ 動

⑤ 言 ＋ 火 ＋ 火 ＝ □

⑥ 口 × 3 ＝ □

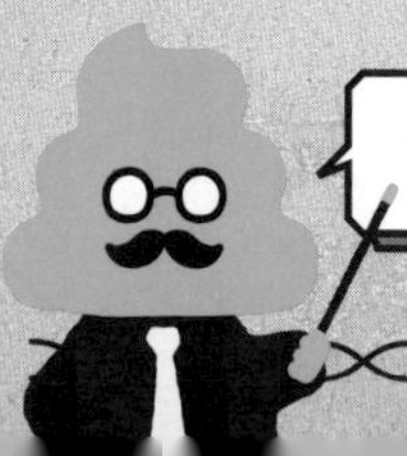

すべて3年生で習(なら)う漢字じゃよ。とめ・はね・はらいにも気をつけて書くのじゃ。

かけ算のくふう

今日のせいせき
まちがいが

0~2こ
よくできたね！

3~5こ
できたね

6こ～
がんばれ

かけ算では，かけられる数とかける数を入れかえて
計算しても答えは同じというきまりがあったね。

1 82×30, 6×48の筆算のしかたをくふうして考えます。

82×30

82×3の   82×0の
答え   答え

6×48

6×48を  と

考えて筆算する。

2 くふうして筆算で計算をしましょう。

① 73×20

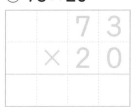

② 43×50

③ 7×49

④ 8×36

⑤ 60×27

③，④，⑤は
かけ算のきまりを
使って考えるのじゃ。

3 くふうして筆算で計算をしましょう。

① 81×30

② 5×94

③ 4×31

④ 90×28

⑤ 6×74

⑥ 40×75

40

3けたの数に2けたの数を かけるかけ算①

今日のせいせき
まちがいが

 0~2こ
よくできたね！

3~5こ
できたね

 6こ~
がんばれ

かけられる数が3けたになっても，筆算のしかたは同じだよ。

1 152×23の筆算のしかたを考えます。

❶ 152の一の位，
 十の位，百の位
 それぞれに「23」
 の3をかける。

❷ 152の一の位，
 十の位，百の位
 それぞれに「23」
 の2をかける。

❸ 同じ位どうしを
 たす。

2 筆算で計算をしましょう。

①
```
    9 1 5
 ×   4 7
 ─────────
   6 4 0 5
 3 6 6 0
```

②
```
    5 1 6
 ×   5 3
```

③
```
    6 9 8
 ×   3 5
```

④
```
    4 7 2
 ×   8 4
```

3 筆算で計算をしましょう。

① 739×91

② 158×24

③ 623×87

④ 415×18

先生が，大切にしていたうんこを売ったお金全部で，クラスの43人全員にうんこの本を買ってくれました。本は1さつ826円です。先生がうんこを売ったお金は何円だったでしょうか。

筆算

式

答え _____

3けたの数に2けたの数を かけるかけ算②

かけられる数に0のあるかけ算の筆算は，
書く位に気をつけて計算しよう。

1 206×37の筆算のしかたを考えます。

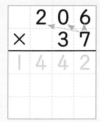

❶ 206の一の位，
十の位，百の位
それぞれに「37」
の7をかける。

❷ 206の一の位，
十の位，百の位
それぞれに「37」
の3をかける。

❸ 同じ位どうしを
たす。

2 筆算で計算をしましょう。

①
```
    7 0 4
×    8 3
  2 1 1 2
5 6 3 2
```

②
```
    4 0 2
×    9 1
```

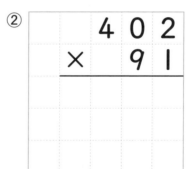

③
```
    5 0 6
×    7 2
```

④
```
    3 0 8
×    4 0
```

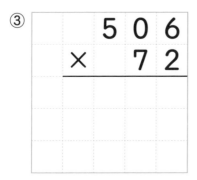

43

3 筆算で計算をしましょう。

① 107×48

② 809×50

③ 605×16

④ 902×31

今日のせいせき
まちがいが
0~2こ
よくできたね！
3~5こ
できたね
6こ～
がんばれ

位をそろえて書こう。
まちがえた問題はもう一度やり直そう。

1 筆算で計算をしましょう。

① 198×37

② 329×87

③ 813×41

④ 450×16

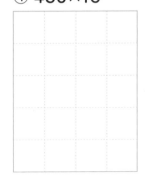

⑤ 503×79

⑥ 654×25

うんこ先生からの
ちょうせんじょう 4

~たん生日当てクイズ~

キミのたん生日をズバリ当ててみせるぞい。5つの計算をしてくれい。

① まず，キミの 生まれた月を
4倍するのじゃ。

生まれた月を
書こう

☐ ×4 = ☐

同じ数を入れる

② その数に 9 をたすのじゃ。

☐ +9 = ☐

③ その数を 25倍すると…？

☐ ×25 = ☐

生まれた日を
書こう

④ その数に，生まれた
日をたしてみるのじゃ。

☐ + ☐ = ☐

⑤ その数から
225をひくと…

☐ -225 = ☐

ズバリ！これがキミのたん生日じゃな！

※1015なら10月15日，805なら8月5日

46

計算のくふう

今日のせいせき
まちがいが
 0~2こ
よくできたね！
 3~5こ
できたね
 6こ～
がんばれ

 かけ算だけの式はかけるじゅんじょをかえてもいいよ。
このきまりを使って，筆算しないで計算するよ。

1 $25×13×4$をくふうして計算します。

$25×4=100$が使えるように，かけるじゅんじょを
かえる。

$25×13×4=13×\boxed{25}×\boxed{4}$

計算のじゅんじょを
かえて$25×4=100$を
使えるように
くふうするのじゃ。

$$=13×\boxed{100}$$

$$=\boxed{1300}$$

2 くふうして計算しましょう。

① $25×27×4$

② $9×25×4$

③ $13×5×6$

④ $5×34×20$

⑤ $8×21×50$

⑥ $25×28=25×4×\boxed{7}=100×7=\boxed{}$

☁3 くふうして計算しましょう。

① 4×19×25

② 4×63×50

③ 25×59×4

④ 50×34×2

⑤ 12×25

⑥ 25×32

⑦ 24×25

⑧ 25×36

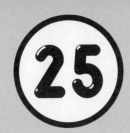

25 まとめテスト

3年生のかけ算

点

今日のせいせき
まちがいが
0~2こ よくできたね！
3~5こ できたね
6こ~ がんばれ

1 □にあてはまる数を書きましょう。 〈1つ3点〉

① 5×4＝5×3＋□　② 8×6＝6×□

③ 9×7＝9×8－□　④ 3×2＝2×□

2 かけ算をしましょう。 〈1つ3点〉

① 10×4　② 0×3　③ 7×10

④ 0×0　⑤ 60×90　⑥ 50×20

3 筆算（ひっさん）で計算をしましょう。 〈1つ3点〉

① 27×6　② 95×8　③ 28×7

④ 108×9　⑤ 327×4

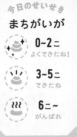

4 筆算で計算をしましょう。⑤⑥はくふうして計算しましょう。

〈1つ3点〉

① 416×27

② 63×82

③ 903×58

④ 24×59

⑤ 9×24

⑥ 30×85

5 次の映画の正しいタイトルをそれぞれえらんで，線でむすびましょう。

〈全部できて37点〉

・

・

・

・

・

・

海の上の
うんこニョ

ジュラうんこ
パーク

うんこの乱

答え

1 かけ算のきまり

今日のせいせき
まちがいが
🐾 0〜2こ…よくできたね
🐾 3〜5こ…できたね
💩 6こ〜…がんばれ

💩 かけ算のきまりを思い出して答えよう。

1 □にあてはまる数を書きましょう。

① 5×7の答えは、5×6の答えより **5** 大きい。

このことを式に表すと、5×7=5×6+ **5**

② 8×4の答えは、8×5の答えより **8** 小さい。

このことを式に表すと、8×4=8×5− **8**

2 □にあてはまる数を書きましょう。

① 4×6=4×5+ **4**　　② 7×3=7×2+ **7**

③ 6×8=6×7+ **6**　　④ 9×6=9×5+ **9**

⑤ 9×4=9×5− **9**　　⑥ 3×7=3×8− **3**

3 □にあてはまる数を書きましょう。

かける数とかけられる数を入れかえても答えは同じになるぞい。

① 7×5=5× **7**　　② 4×6=6× **4**

③ 2×7= **7** ×2　　④ 6×3= **3** ×6

⑤ 9× **2** =2×9　　⑥ **8** ×4=4×8

❶

4 8×9の答えのもとめ方を2通り考えます。

かけられる数8を2つに分ける。

⑤×9=45
③×9=27

あわせて **72**

かける数9を2つに分ける。

8×⑤=40
8×④=32

あわせて **72**

5 □にあてはまる数を書きましょう。

① 9×7

5 ×7= 35
4 ×7= **28**

あわせて **63**

② 7×6

7× 2 = 14
7× **4** = **28**

あわせて **42**

❷

2 10や0のかけ算

今日のせいせき
まちがいが
🐾 0〜2こ…よくできたね
🐾 3〜5こ…できたね
💩 6こ〜…がんばれ

💩 10のかけ算は、かける数やかけられる数に0を1つつけた数が答えになるね。0に何をかけても答えは0だよ。

1 10×3や8×10の答えのもとめ方を考えます。

10×3

・10×3=10+10+10= **30**

・⑩×3 { ⑥×3=18 ④×3=12

あわせて **30**

8×10

・8×10=8×9+8= **80**

・8×10=8×10+8= **80**

・8×⑩ { 8×⑦=56 8×③=24

あわせて **80**

2 かけ算をしましょう。

① 10×7= **70**　　② 10×4= **40**

③ 10×9= **90**　　④ 5×10= **50**

⑤ 6×10= **60**　　⑥ 3×10= **30**

⑦ 9×10= **90**　　⑧ 8×0= **0**

⑨ 0×6= **0**　　⑩ 0×0= **0**

❸

うんこ先生からの
ちょうせんじょう 1

〜どんなメッセージ？〜

外国の昔の数字を研究しているお父さんからなぞのメッセージがとどいた！どんなメッセージだろう？暗号表を使って考えよう。

ア〜オのじゅんに読んでくれ。

V	×	IV	=	ア
X	×	I	=	イ
LXX	+	XXX	=	ウ
C	−	LXXX	− V	=	エ
L	−	V	=	オ

暗号表①

I	II	III	IV	V
1	2	3	4	5
VI	VII	VIII	IX	X
6	7	8	9	10
XX	XXX	XL	L	LX
20	30	40	50	60
LXX	LXXX	XC	C	
70	80	90	100	

暗号表②

5＝か　　10＝ん
15＝で　　20＝う
25＝ね　　30＝ば
35＝や　　40＝い
45＝る　　50＝も
100＝こ

メッセージは　うんこでる

❹

51

答え

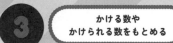

3 かける数や
かけられる数をもとめる

今日のせいせき
まちがいが
😺 0～2こ よくできたね！
😺 3～5こ できたね
😺 6こ～ がんばれ

💩 九九を思い出しながら、あてはまる数を考えよう。

☁ 1 □にあてはまる数を書きましょう。

① 9 × [3] = 27　② 6 × [3] = 18

③ 8 × [9] = 72　④ 7 × [4] = 28

⑤ 6 × [9] = 54　⑥ 3 × [5] = 15

⑦ 9 × [7] = 63　⑧ 4 × [2] = 8

⑨ 5 × [8] = 40　⑩ 8 × [0] = 0

⑪ [4] × 6 = 24　⑫ [3] × 9 = 27

⑬ [4] × 4 = 16　⑭ [7] × 6 = 42

⑮ [9] × 8 = 72　⑯ [3] × 3 = 9

⑰ [1] × 5 = 5　⑱ [6] × 7 = 42

⑤

☁ 2 □にあてはまる数を書きましょう。

① 7 × [3] = 21　② [6] × 5 = 30

③ [2] × 8 = 16　④ [3] × 8 = 24

⑤ 9 × [4] = 36　⑥ 6 × [4] = 24

⑦ 4 × [0] = 0　⑧ [8] × 6 = 48

⑨ [5] × 9 = 45　⑩ 7 × [8] = 56

⑪ 8 × [4] = 32　⑫ [4] × 7 = 28

⑬ [9] × 6 = 54　⑭ 5 × [1] = 5

うんこ文章題に チャレンジ！ 1	「サンダーうんこスティック」を1本作るのにうんこを8こ使います。「サンダーうんこスティック」を10本作るには、うんこは何こ使いますか。

式 8 × 10 = 80

答え　80 こ

⑥

4 10より大きい数の
かけ算

今日のせいせき
まちがいが
😺 0～2こ よくできたね！
😺 3～5こ できたね
😺 6こ～ がんばれ

💩 10より大きい数は、10といくつに分けて考えよう。

☁ 1 13×6の答えのもとめ方を、かけ算のきまりを使って考えます。

> かけられる数
> 13を10と3に
> 分けると計算が
> ラクになるぞい。

⑬×6　⑩×6＝60
⑩ ③　　③×6＝18

あわせて **78**

☁ 2 □にあてはまる数を書きましょう。

① 12×4
　10 [2]　　10×4＝[40]
　　　　　　[2]×4＝[8]
　　　　　　あわせて [48]

② 14×7
　10 [4]　　[10]×7＝[70]
　　　　　　[4]×7＝[28]
　　　　　　あわせて [98]

⑦

☁ 3 かけ算をしましょう。

① 11×9　10×9＝90
　　　　　 1×9＝ 9
　　　　　 あわせて99

② 17×3　10×3＝30
　　　　　 7×3＝21
　　　　　 あわせて51

③ 13×7　10×7＝70
　　　　　 3×7＝21
　　　　　 あわせて91

④ 18×4　10×4＝40
　　　　　 8×4＝32
　　　　　 あわせて72

⑤ 3×12　3×10＝30
　　　　　 3× 2＝ 6
　　　　　 あわせて36

⑥ 5×16　5×10＝50
　　　　　 5× 6＝30
　　　　　 あわせて80

⑦ 16×3　10×3＝30
　　　　　 6×3＝18
　　　　　 あわせて48

⑧ 8×12　8×10＝80
　　　　　 8× 2＝16
　　　　　 あわせて96

第9位 13日分のうん

うんこをそまつにあつかった者は、満月の夜、「ヤツ」におそわれるだろう…。あまりのこわさに矢神者続出のホラー映画！

⑧

答え

5 かくにんテスト 1

点

1 □にあてはまる数を書きましょう。 (1つ2点)

① 2×8=2×7+ **2**　② 6×7=6×6+ **6**

③ 4×7=4×8− **4**　④ 8×3=8×4− **8**

⑤ 9×5=5× **9**　⑥ 5×8= **8** ×5

⑦ 7× **2** =2×7　⑧ **3** ×4=4×3

2 かけ算をしましょう。 (1つ2点)

① 10×6= **60**　② 0×7= **0**

③ 2×10= **20**　④ 10×3= **30**

⑤ 4×0= **0**　⑥ 8×10= **80**

⑦ 10×7= **70**　⑧ 0×8= **0**

⑨ 3×0= **0**　⑩ 5×0= **0**

⑪ 0×10= **0**　⑫ 10×5= **50**

⑬ 4×10= **40**　⑭ 0×9= **0**

6 何十，何百のかけ算

何十や何百のかけ算は，10や100のまとまりで考えるよ。

1 40×3の計算のしかたを考えます。

10のまとまりで考える。

40は，10が **4** こだから，

40×3は，10が **4×3** こ。

4×3は12なので，10が12こで **120**

だから，40×3= **120**

2 かけ算をしましょう。

① 20×8= **160**　② 70×3= **210**

③ 90×2= **180**　④ 30×9= **270**

⑤ 60×5= **300**　⑥ 80×6= **480**

⑦ 300×7= **2100**　⑧ 800×4= **3200**

⑨ 900×3= **2700**　⑩ 400×2= **800**

⑪ 700×9= **6300**　⑫ 500×4= **2000**

3 □にあてはまる数を書きましょう。 (1つ2点)

① 8× **7** =56　② **1** ×2=2

③ **7** ×9=63　④ 5× **4** =20

⑤ 9× **5** =45　⑥ **4** ×9=36

⑦ **6** ×8=48　⑧ **5** ×6=30

⑨ 4× **5** =20　⑩ 7× **2** =14

4 かけ算をしましょう。 (1つ2点)

① 13×6　10×6=60
　　　　3×6=18
　　　あわせて 78

② 5×12　5×10=50
　　　　5× 2=10
　　　あわせて 60

5 次のうち，映画「13日分のうんこ」はどちらですか。 (32点)

あ　い

3 かけ算をしましょう。

① 200×6= **1200**　② 600×7= **4200**

③ 400×4= **1600**　④ 20×9= **180**

⑤ 90×6= **540**　⑥ 700×8= **5600**

⑦ 600×3= **1800**　⑧ 400×5= **2000**

⑨ 20×7= **140**　⑩ 600×2= **1200**

⑪ 800×9= **7200**　⑫ 50×2= **100**

⑬ 400×8= **3200**　⑭ 200×5= **1000**

⑮ 90×4= **360**　⑯ 700×3= **2100**

うんこ文章題にチャレンジ！ **2**

重さ70kgのうんこが5こあります。その下に，ぼくのかっていたアリがかくれてしまいました。スーパーヒーローをよんで，うんこを全部持ち上げてもらいました。持ち上げたうんこの重さは全部で何kgですか。

式 **70×5=350**

答え **350** kg

答え

7 2けたの数に1けたの数を
かけるかけ算①

今日のせいせき
まちがいが
👣 0-2こ
よくできたね！
🐾 3-5こ
できたね
🐾🐾🐾 6こ〜
がんばれ

💩 まずは、かけ算の筆算のしかたをおぼえよう。

1️⃣ 32×3の筆算のしかたを考えます。

```
  3 2        3 2        3 2
×   3   →  ×   3   →  ×   3
             6          9 6
```

❶ 位をたてに
そろえて書く。

❷「三二が6」の
6を一の位に
書く。

❸「三三が9」の
9を十の位に
書く。

2️⃣ 筆算で計算をしましょう。

① 12 × 3 = 36
② 43 × 2 = 86
③ 11 × 6 = 66
④ 24 × 2 = 48
⑤ 33 × 3 = 99
⑥ 21 × 4 = 84
⑦ 23 × 3 = 69
⑧ 11 × 8 = 88
⑨ 42 × 2 = 84

8 2けたの数に1けたの数を
かけるかけ算②

今日のせいせき
まちがいが
👣 0-2こ
よくできたね！
🐾 3-5こ
できたね
🐾🐾🐾 6こ〜
がんばれ

💩 かけ算の答えが3けたの数のかけ算の筆算だよ。
答えを書く位をまちがえないようにね。

1️⃣ 62×4の筆算のしかたを考えます。

```
  6 2        6 2        6 2
×   4   →  ×   4   →  ×   4
             8        2 4 8
```

❶ 位をたてに
そろえて書く。

❷「四二が8」の
8を一の位に
書く。

❸「四六24」の
4を十の位、
2を百の位に
書く。

2️⃣ 筆算で計算をしましょう。

① 71 × 4 = 284
② 92 × 4 = 368
③ 51 × 6 = 306
④ 72 × 3 = 216
⑤ 82 × 3 = 246
⑥ 54 × 2 = 108
⑦ 62 × 3 = 186
⑧ 41 × 9 = 369
⑨ 83 × 2 = 166

3️⃣ 筆算で計算をしましょう。

① 32×2 = 64
② 13×3 = 39
③ 22×4 = 88
④ 34×2 = 68
⑤ 11×7 = 77
⑥ 12×4 = 48
⑦ 31×3 = 93
⑧ 44×2 = 88
⑨ 21×3 = 63

テストに出るうんこ

第**8**位

全世界で特大ヒットのスパイアクション映画！
伝説の宝石「ファラオのうんこ」を盗み出せ！

心にのこる名作から大ヒット作品まで！
世界の人気うんこ映画
ベスト**10**

3️⃣ 筆算で計算をしましょう。

① 61×8 = 488
② 53×3 = 159
③ 84×2 = 168
④ 72×4 = 288
⑤ 42×3 = 126
⑥ 81×7 = 567
⑦ 63×3 = 189
⑧ 91×5 = 455
⑨ 64×2 = 128

うんこ文章題に
チャレンジ！
3

「第3回全日本ベストうんこコンテスト」が
開かれました。毎年73こずつ「ベストうんこ」
がえらばれています。第1回から第3回までで、
何この「ベストうんこ」がえらばれていますか。

筆算
```
  7 3
×   3
2 1 9
```

式 73×3＝219

答え __219__ こ

9 2けたの数に 1けたの数を
かけるかけ算③

今日のせいせき
まちがいが
🐾 0-2こ
よくできたね！
🐾 3-5こ
できたね
🐾 6こ～
がんばろう

💩 くり上がりがあるかけ算をするときは
くり上げる数をメモするといいよ。

1️⃣ 18×3の筆算のしかたを考えます。

	1	8
×		3

➡

	1	8
×		3
		4

➡

	1	8
×		3
	5	4

❶ 位をたてに
そろえて書く。

❷「三八24」の4を
一の位に書き，
2を十の位に
くり上げる。

❸「三一が3」の3に
くり上げた2を
たして5。5を
十の位に書く。

2️⃣ 筆算で計算をしましょう。

① 46 × 2 = 92
② 18 × 4 = 72
③ 25 × 3 = 75
④ 16 × 4 = 64
⑤ 26 × 3 = 78
⑥ 35 × 2 = 70
⑦ 27 × 3 = 81
⑧ 36 × 2 = 72
⑨ 16 × 5 = 80

⑰

10 2けたの数に 1けたの数を
かけるかけ算④

今日のせいせき
まちがいが
🐾 0-2こ
よくできたね！
🐾 3-5こ
できたね
🐾 6こ～
がんばろう

💩 くり上がりが2回あるかけ算だよ。
くり上がった数をメモしておこう。

1️⃣ 37×4の筆算のしかたを考えます。

	3	7
×		4

➡

	3	7
×		4
		8

➡

	3	7
×		4
1	4	8

❶ 位をたてに
そろえて書く。

❷「四七28」の8を
一の位に書き，
2を十の位に
くり上げる。

❸「四三12」の12に
くり上げた2を
たして14。
十の位に4，
百の位に1を書く。

2️⃣ 筆算で計算をしましょう。

① 43 × 7 = 301
② 89 × 2 = 178
③ 96 × 5 = 480
④ 65 × 3 = 195
⑤ 56 × 8 = 448
⑥ 27 × 6 = 162
⑦ 34 × 6 = 204
⑧ 78 × 4 = 312
⑨ 39 × 9 = 351

⑲

うんこ先生からの
ちょうせんじょう **2**

～おつかいをたのまれて～

お母さんからわたされたお買い物メモの上に，
うっかりうんこをしてしまい，読めなくなってしまった！

お買い物メモ

にんじん 1本 50円 を3本 で 150円

じゃがいも 1こ 48円 を2こ で 💩

玉ねぎ 1こ 62円 を2こ で 💩

肉 1パック 200円 を3パック で 600円

全部買っておつりがいちばん少なくなる

さいふを持っていってね！ 母より

どのさいふを持っていけばよいですか。⑧～⑨の中からえらんで，〇をつけよう。

1500円
（あ）

1000円
（い）

800円
（う）

⑱

3️⃣ 筆算で計算をしましょう。

① 59×8
59 × 8 = 472

② 47×5
47 × 5 = 235

③ 64×3
64 × 3 = 192

④ 48×6
48 × 6 = 288

⑤ 32×9
32 × 9 = 288

⑥ 27×4
27 × 4 = 108

⑦ 56×2
56 × 2 = 112

⑧ 85×7
85 × 7 = 595

⑨ 74×8
74 × 8 = 592

テストに出るうんこ

世界の人気うんこ映画 ベスト10

第**7**位

うんこたちの沈黙

UNKO

心にのこる名作から大ヒット作品まで！

天才的な頭脳をもつフンバル・クッソ博士は，うんこを
使って人の心をあやつる，おそろしい犯罪者だった…。

10

⑳

11 3けたの数に1けたの数をかけるかけ算①

今日のせいせき
まちがいが
0〜2こ よくできたね！
3〜5こ できたね
6こ〜 がんばろう

かけられる数が3けたの数になっても、筆算のしかたは今までと同じだよ。

1　412×3の筆算のしかたを考えます。

```
  4 1 2      4 1 2       4 1 2
×     3   ×     3    ×       3
      6        3 6     1 2 3 6
```

❶「三二が6」の6を 一の位に書く。
❷「三一が3」の3を 十の位に書く。
❸「三四12」の2を 百の位、1を 千の位に書く。

2　筆算で計算をしましょう。

```
①   2 1 3      ②   3 4 2
  ×     3        ×     2
    6 3 9          6 8 4

③   5 1 2      ④   8 1 3
  ×     4        ×     2
  2 0 4 8        1 6 2 6

⑤   6 2 2      ⑥   5 1 1
  ×     4        ×     6
  2 4 8 8        3 0 6 6
```

3　筆算で計算をしましょう。

```
① 321×3        ② 734×2        ③ 312×4
    3 2 1          7 3 4          3 1 2
  ×     3        ×     2        ×     4
    9 6 3        1 4 6 8        1 2 4 8

④ 711×5        ⑤ 731×3        ⑥ 614×2
    7 1 1          7 3 1          6 1 4
  ×     5        ×     3        ×     2
  3 5 5 5        2 1 9 3        1 2 2 8
```

テストに出るうんこ
世界の人気うんこ映画
心にのこる名作から大ヒット作品まで！
ベスト10

第6位
うんこ城のプリンセス

1000年に一度、国中がうんこでつつまれるロマンチックな日。
少女ビビは、お姉さんを探す旅に出た。

12 3けたの数に1けたの数をかけるかけ算②

今日のせいせき
まちがいが
0〜2こ よくできたね！
3〜5こ できたね
6こ〜 がんばろう

くり上がりのあるかけ算はまちがえやすいので、くり上がった数をわすれないようにメモしておこう。

1　276×3の筆算のしかたを考えます。

```
  2 7 6      2 7 6       2,7 6
×     3   ×     3    ×       3
      8      2¹8       8²2 8
```

❶「三六18」の1を 十の位に くり上げる。
❷「三七21」の21に くり上げた1をたして 22。百の位に2を くり上げる。
❸「三二が6」の 6にくり上げた 2をたして8。

2　筆算で計算をしましょう。

```
①   3 8 6      ②   1 8 3
  ×     2        ×     5
    7 7 2          9 1 5

③   1 8 6      ④   1 5 7
  ×     4        ×     3
    7 4 4          4 7 1

⑤   4 6 9      ⑥   2 5 4
  ×     2        ×     3
    9 3 8          7 6 2
```

3　筆算で計算をしましょう。

```
① 298×3        ② 134×7
    2 9 8          1 3 4
  ×     3        ×     7
    8 9 4          9 3 8

③ 457×2        ④ 125×6
    4 5 7          1 2 5
  ×     2        ×     6
    9 1 4          7 5 0

⑤ 247×4        ⑥ 123×5
    2 4 7          1 2 3
  ×     4        ×     5
    9 8 8          6 1 5
```

うんこ文章題にチャレンジ！4

「うんこからの脱出」は147分の映画です。おじいちゃんはこの映画が大すきで、先週の日曜日には、6回れんぞくみていました。全部で何分間みていましたか。

筆算
```
    1 4 7
  ×     6
    8 8 2
```

式　147×6＝882

答え　882 分間

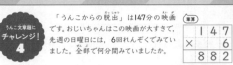

答え

13 3けたの数に1けたの数を かけるかけ算③

今日のせいせき
まちがいが
- 0~2こ よくできたね
- 3~5こ できたね
- 6こ がんばれ

十の位や百、千の位にくり上がりのある筆算だよ。
何度も練習しよう。

1 354×6の筆算のしかたを考えます。

```
  3 5 4        3 5 4        3,5 4
×   6    →   ×   6   →   ×   6
  2 4          2 4          2 1 2 4
```

❶「六四24」の2を
十の位に
くり上げる。

❷「六五30」の
30にくり上げた
2をたして32。
百の位に3を
くり上げる。

❸「六三18」の
18にくり上げた
3をたして21。

2 筆算で計算をしましょう。

① 781 × 3 = 2343

② 236 × 9 = 2124

③ 423 × 7 = 2961

④ 497 × 4 = 1988

⑤ 377 × 7 = 2639

⑥ 689 × 6 = 4134

14 3けたの数に1けたの数を かけるかけ算④

今日のせいせき
まちがいが
- 0~2こ よくできたね
- 3~5こ できたね
- 6こ がんばれ

かけられる数に0のある数のかけ算をするよ。
位に気をつけて計算しよう。

1 502×3の筆算のしかたを考えます。

```
  5 0 2        5 0 2        5,0 2
×   3    →   ×   3   →   ×   3
  0 6          0 6          1 5 0 6
```

❶「三二が6」

❷「三れいが0」

❸「三五15」

「三五15」の15は500×3＝1500の15のことだから、
5は百の位、1は千の位に書くのじゃ。

2 筆算で計算をしましょう。

① 203 × 5 = 1015

② 601 × 4 = 2404

③ 809 × 6 = 4854

④ 370 × 9 = 3330

⑤ 704 × 8 = 5632

⑥ 860 × 2 = 1720

3 筆算で計算をしましょう。

① 649×5
```
  6 4 9
×     5
3 2 4 5
```

② 854×7
```
  8 5 4
×     7
5 9 7 8
```

③ 715×8
```
  7 1 5
×     8
5 7 2 0
```

④ 978×4
```
  9 7 8
×     4
3 9 1 2
```

⑤ 582×6
```
  5 8 2
×     6
3 4 9 2
```

⑥ 163×9
```
  1 6 3
×     9
1 4 6 7
```

テストに出るうんこ
第5位
心にのこる名作から大ヒット作品まで！
世界の人気うんこ映画
ベスト10

うんこからの脱出

どんなときでも、おれは最後まで希望をすてたりしない—。
うんこでできたろうやから、50年かけてにげ出した男がいた！

3 筆算で計算をしましょう。

① 708×3
```
  7 0 8
×     3
2 1 2 4
```

② 680×7
```
  6 8 0
×     7
4 7 6 0
```

③ 904×8
```
  9 0 4
×     8
7 2 3 2
```

④ 502×4
```
  5 0 2
×     4
2 0 0 8
```

⑤ 403×6
```
  4 0 3
×     6
2 4 1 8
```

⑥ 805×2
```
  8 0 5
×     2
1 6 1 0
```

うんこ文章題にチャレンジ！5

職員室をのぞくと、3人の先生がうんこを持って立っていました。3人とも、手に402こずつのミニうんこを持っています。先生たちが手に持っているミニうんこは全部で何こですか。

筆算
```
  4 0 2
×     3
1 2 0 6
```

式 402×3＝1206

答え　1206 こ

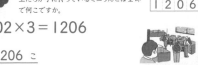

答え

15 暗算

2けた×1けたのかけ算を暗算でできるやり方を身につけよう。

1 24×3の暗算のしかたを考えます。

かけられる数の24を、何十といくつに分けて考える。

24 ×3

20 **4**

20 ×3=60
4 ×3=12

あわせて **72**

2 暗算で計算をしましょう。

① 17×4
10 **7**
10×4=40
7×4=28
あわせて 68

② 46×2
40×2=80
6×2=12
あわせて 92

③ 53×5
50×5=250
3×5= 15
あわせて 265

④ 29×5
20×5=100
9×5= 45
あわせて 145

⑤ 38×3
30×3= 90
8×3= 24
あわせて114

⑥ 15×8
10×8= 80
5×8= 40
あわせて120

⑦ 81×9
80×9=720
1×9= 9
あわせて 729

10より大きい数を「何十といくつ」に分けるのじゃ。

---

3 暗算で計算をしましょう。

① 65×2
60 **5**
60×2=120
5×2= 10
あわせて130

② 59×3
50×3=150
9×3= 27
あわせて177

③ 42×5
40×5=200
2×5= 10
あわせて 210

④ 16×7
10×7= 70
6×7= 42
あわせて112

⑤ 94×8
90×8=720
4×8= 32
あわせて 752

⑥ 38×6
30×6=180
8×6= 48
あわせて 228

⑦ 13×9
10×9= 90
3×9= 27
あわせて117

⑧ 27×4
20×4= 80
7×4= 28
あわせて108

⑨ 74×6
70×6=420
4×6= 24
あわせて 444

⑩ 36×4
30×4=120
6×4= 24
あわせて 144

テストに出るうんこ

第4位

世界の人気うんこ映画ベスト10

ジュラうんこパーク

心にのこる名作から大ヒット作品まで！

ひみつの研究所で生み出されてしまった、恐竜よりも大きなうんこたち！
まるで本物のようにリアルなうんこがスクリーンせましとあばれまわる！

---

16 かくにんテスト 2

□点

1 かけ算をしましょう。 (1つ3点)

① 70×6＝420
② 40×5＝200
③ 600×4＝2400
④ 500×6＝3000

2 筆算で計算をしましょう。 (1つ3点)

①
```
  4 5
×   2
  9 0
```

②
```
  4 3
×   8
3 4 4
```

③
```
  6 5
×   9
5 8 5
```

④
```
  1 9 4
×     6
1 1 6 4
```

⑤
```
  2 5 6
×     4
1 0 2 4
```

⑥
```
  8 3 7
×     5
4 1 8 5
```

⑦
```
  3 0 8
×     7
2 1 5 6
```

⑧
```
  4 9 0
×     5
2 4 5 0
```

⑨
```
  9 2 8
×     6
5 5 6 8
```

⑩
```
  5 4 9
×     9
4 9 4 1
```

---

3 筆算で計算をしましょう。 (1つ3点)

①13×7
```
  1 3
×   7
  9 1
```

②56×4
```
  5 6
×   4
2 2 4
```

③73×6
```
  7 3
×   6
4 3 8
```

④38×8
```
  3 8
×   8
3 0 4
```

⑤84×9
```
  8 4
×   9
7 5 6
```

⑥47×3
```
  4 7
×   3
1 4 1
```

⑦741×5
```
  7 4 1
×     5
3 7 0 5
```

⑧503×3
```
  5 0 3
×     3
1 5 0 9
```

⑨852×6
```
  8 5 2
×     6
5 1 1 2
```

⑩396×8
```
  3 9 6
×     8
3 1 6 8
```

4 世界の人気うんこ映画ベスト10で第6位の「うんこ城のプリンセス」は、何年に一度、国中がうんこにつつまれますか。 (28点)

あ 10年
い 100年
う 1000年

17 何十をかけるかけ算

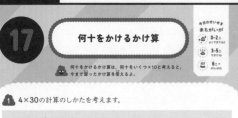

今日のせいせき
まちがいが
🐾 0〜2こ
　よくできたね！
🐾 3〜5こ
　できたね
💩 6こ〜
　がんばれ

何十をかけるかけ算は、何十をいくつ×10と考えると、今まで習ったかけ算を使えるよ。

1 4×30の計算のしかたを考えます。

30を3の10倍と考えて、3×10とする。

4×30＝4×3×**10**

　　　＝12×**10**

　　　＝**120**

4×30の答えは、4×3の答えの10倍だから、12の右に0を1つつけた数になるのじゃ。

2 かけ算をしましょう。

① 6×70＝**420**　② 9×30＝**270**

③ 7×80＝**560**　④ 8×50＝**400**

⑤ 4×80＝**320**　⑥ 9×60＝**540**

⑦ 3×30＝**90**　⑧ 2×50＝**100**

⑨ 7×40＝**280**　⑩ 8×70＝**560**

⑪ 4×50＝**200**　⑫ 7×90＝**630**

⑬ 6×50＝**300**　⑭ 5×40＝**200**

㉝

3 かけ算をしましょう。

① 12×30＝**360**　② 11×50＝**550**

③ 24×20＝**480**　④ 23×20＝**460**

⑤ 90×40＝**3600**　⑥ 13×20＝**260**

⑦ 14×20＝**280**　⑧ 60×80＝**4800**

⑨ 21×30＝**630**　⑩ 21×40＝**840**

⑪ 80×50＝**4000**

⑫ 23×30＝**690**

かける数が10倍になると答えも10倍になるんだね。

うんこ文章題にチャレンジ！ **6**

すなはまに、細長いうんこを何こもつなげてならべているおじさんがいました。「長さ30mのうんこを50こつなげたぞ！」と言っています。つながったうんこのはしからはしまでの長さは、何mですか。

式 **30×50＝1500**

答え **1500** m

㉞

18 2けたの数に2けたの数をかけるかけ算①

今日のせいせき
まちがいが
🐾 0〜2こ
　よくできたね！
🐾 3〜5こ
　できたね
💩 6こ〜
　がんばれ

2けたの数をかけるかけ算の筆算だよ。十の位をかけた計算は、書く位に気をつけよう。

1 13×21の筆算のしかたを考えます。

```
  1 3       1 3       1 3
× 2 1     × 2 1     × 2 1
  1 3       1 3       1 3
          2 6       2 6
                    2 7 3
```

❶ 13の一の位、十の位それぞれに「21」の1をかける。

❷ 13の一の位、十の位それぞれに「21」の2をかける。

❸ 同じ位どうしをたす。

かける数の十の位の計算は、かならず十の位にそろえて書こう。

2 筆算で計算をしましょう。

```
①   1 2     ②   1 4     ③   2 3
  × 2 3       × 3 2       × 3 1
    3 6         2 8         2 3
  2 4         4 2         6 9
  2 7 6       4 4 8       7 1 3
```

```
④   3 6     ⑤   1 5     ⑥   1 8
  × 2 2       × 1 3       × 2 4
    7 2         4 5         7 2
  7 2         1 5         3 6
  7 9 2       1 9 5       4 3 2
```

㉟

3 筆算で計算をしましょう。

```
① 28×13      ② 36×21      ③ 14×16      ④ 13×33
    2 8          3 6          1 4          1 3
  × 1 3        × 2 1        × 1 6        × 3 3
    8 4          3 6          8 4          3 9
  2 8          7 2          1 4          3 9
  3 6 4        7 5 6        2 2 4        4 2 9
```

```
⑤ 22×14      ⑥ 35×12
    2 2          3 5
  × 1 4        × 1 2
    8 8          7 0
  2 2          3 5
  3 0 8        4 2 0
```

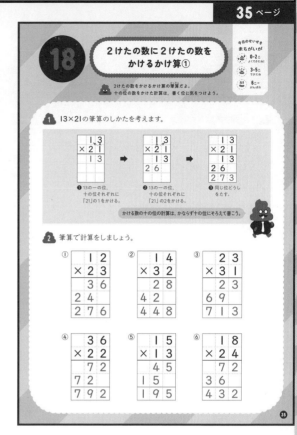

テストに出るうんこ 番外編

心にのこる名作から大ヒット作品まで！ 世界の人気うんこ映画 ベスト**10**

うんこの乱

謎の人物「うんこ将軍」のヒミツをめぐり、かつてない戦乱がまき起こる…！ 50年以上前の大傑作日本映画！

答え

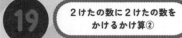

37 ページ

19 2けたの数に2けたの数を
かけるかけ算②

かけ算の答えが4けたになる筆算をするよ。
計算のしかたは今までと同じ！

今日のせいせき
まちがいが
0～2こ よくできたね！
3～5こ できたね
6こ～ がんばれ

❶ 57×23の筆算のしかたを考えます。

```
  5 7        5 7        5 7
× 2 3      × 2 3      × 2 3
1 7 1      1 7 1      1 7 1
           1 1 4      1 1 4
                    1 3 1 1
```

❶57の一の位、
十の位それぞれに
「23」の3をかける。

❷57の一の位、
十の位それぞれに
「23」の2をかける。

❸同じ位どうしを
たす。

❷ 筆算で計算をしましょう。

①
```
    7 1
  × 6 2
  1 4 2
4 2 6
4 4 0 2
```

②
```
    3 5
  × 8 2
    7 0
2 8 0
2 8 7 0
```

③
```
    4 1
  × 7 3
  1 2 3
2 8 7
2 9 9 3
```

④
```
    4 8
  × 5 9
  4 3 2
2 4 0
2 8 3 2
```

39 ページ

20 かけ算のくふう

かけ算では、かけられる数とかける数を入れかえて
計算しても答えは同じというきまりがあったね。

今日のせいせき
まちがいが
0～2こ よくできたね！
3～5こ できたね
6こ～ がんばれ

❶ 82×30，6×48の筆算のしかたをくふうして考えます。

82×30
```
    8 2
  × 3 0
2 4 6 0
```
82×3の　82×0の
答え　　　答え

6×48
6×48を 48 × 6 と
考えて筆算する。
```
    4 8
  ×   6
2 8 8
```

❷ くふうして筆算で計算をしましょう。

① 73×20
```
    7 3
  × 2 0
1 4 6 0
```

② 43×50
```
    4 3
  × 5 0
2 1 5 0
```

③ 7×49
```
    4 9
  ×   7
3 4 3
```

④ 8×36
```
    3 6
  ×   8
2 8 8
```

⑤ 60×27
```
    2 7
  × 6 0
1 6 2 0
```

③、④、⑤は
かけ算のきまりを
使って考えるのじゃ。

40 ページ

❸ くふうして筆算で計算をしましょう。

① 81×30
```
    8 1
  × 3 0
2 4 3 0
```

② 5×94
```
    9 4
  ×   5
4 7 0
```

③ 4×31
```
    3 1
  ×   4
1 2 4
```

④ 90×28
```
    2 8
  × 9 0
2 5 2 0
```

⑤ 6×74
```
    7 4
  ×   6
4 4 4
```

⑥ 40×75
```
    7 5
  × 4 0
3 0 0 0
```

38 ページ

うんこ先生からの
ちょうせんじょう❸

~ 漢字の計算 ~

□にあてはまる漢字を書こう。

① 木 ＋ 目 ＝ 相

② 羽 ＋ 白 ＝ 習

③ 日 ＋ 刀 ＋ 口 ＝ 昭

④ 重 ＋ 力 ＝ 動

⑤ 言 ＋ 火 ＋ 火 ＝ 談

⑥ 口 × 3 ＝ 品

すべて3年生で習う漢字じゃよ。とめ・はね・はらいにも気をつけて書くのじゃ。

テストに出るうんこ
第3位
海の上のうんこニョ

世界の人気うんこ映画 ベスト10
心にのこる名作から大ヒット作品まで！

うんこになりたい男の子ケンスケは、ある日、まほうの力で
1日だけうんこに変身。だけど、うんこだって楽じゃない……！？

答え

21 3けたの数に2けたの数を かけるかけ算①

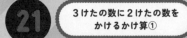

今日のせいせき まちがいが
👣 0〜2こ よくできたね!
👣 3〜5こ できたね
💦 6こ〜 がんばれ

💩 かけられる数が3けたになっても、筆算のしかたは同じだよ。

① 152×23の筆算のしかたを考えます。

```
  1 5 2        1 5 2         1 5 2
×   2 3      ×   2 3       ×   2 3
  4 5 6        4 5 6         4 5 6
             3 0 4         3 0 4
                           3 4 9 6
```

❶ 152の一の位、十の位、百の位それぞれに「23」の3をかける。
❷ 152の一の位、十の位、百の位それぞれに「23」の2をかける。
❸ 同じ位どうしをたす。

② 筆算で計算をしましょう。

①
```
    9 1 5
×     4 7
  6 4 0 5
3 6 6 0
4 3 0 0 5
```

②
```
    5 1 6
×     5 3
  1 5 4 8
2 5 8 0
2 7 3 4 8
```

③
```
    6 9 8
×     3 5
  3 4 9 0
2 0 9 4
2 4 4 3 0
```

④
```
    4 7 2
×     8 4
  1 8 8 8
3 7 7 6
3 9 6 4 8
```

---

③ 筆算で計算をしましょう。

① 739×91
```
    7 3 9
×     9 1
    7 3 9
6 6 5 1
6 7 2 4 9
```

② 158×24
```
    1 5 8
×     2 4
    6 3 2
3 1 6
3 7 9 2
```

③ 623×87
```
    6 2 3
×     8 7
  4 3 6 1
4 9 8 4
5 4 2 0 1
```

④ 415×18
```
    4 1 5
×     1 8
  3 3 2 0
4 1 5
7 4 7 0
```

うんこ文章題に チャレンジ! 7

先生が、大切にしていたうんこを売ったお金全部で、クラスの43人全員にうんこの本を買ってくれました。本は1さつ826円です。先生がうんこを売ったお金は何円だったでしょうか。

【筆算】
```
    8 2 6
×     4 3
  2 4 7 8
3 3 0 4
3 5 5 1 8
```

【式】 826×43＝35518

【答え】 35518 円

---

22 3けたの数に2けたの数を かけるかけ算②

今日のせいせき まちがいが
👣 0〜2こ よくできたね!
👣 3〜5こ できたね
💦 6こ〜 がんばれ

💩 かけられる数に0のあるかけ算の筆算は、書く位に気をつけて計算しよう。

① 206×37の筆算のしかたを考えます。

```
  2 0 6        2 0 6         2 0 6
×   3 7      ×   3 7       ×   3 7
1 4 4 2      1 4 4 2       1 4 4 2
             6 1 8         6 1 8
                           7 6 2 2
```

❶ 206の一の位、十の位、百の位それぞれに「37」の7をかける。
❷ 206の一の位、十の位、百の位それぞれに「37」の3をかける。
❸ 同じ位どうしをたす。

② 筆算で計算をしましょう。

①
```
    7 0 4
×     8 3
  2 1 1 2
5 6 3 2
5 8 4 3 2
```

②
```
    4 0 2
×     9 1
    4 0 2
3 6 1 8
3 6 5 8 2
```

③
```
    5 0 6
×     7 2
  1 0 1 2
3 5 4 2
3 6 4 3 2
```

④
```
    3 0 8
×     4 0
1 2 3 2 0
```

---

③ 筆算で計算をしましょう。

① 107×48
```
    1 0 7
×     4 8
  8 5 6
4 2 8
5 1 3 6
```

② 809×50
```
    8 0 9
×     5 0
4 0 4 5 0
```

③ 605×16
```
    6 0 5
×     1 6
3 6 3 0
6 0 5
9 6 8 0
```

④ 902×31
```
    9 0 2
×     3 1
    9 0 2
2 7 0 6
2 7 9 6 2
```

23 3けたの数に2けたの数をかけるかけ算③

今日のせいせき
まちがいが
- 0-2こ よくできたね!
- 3-5こ できたね
- 6こ〜 がんばろう

💩 位をそろえて書こう。
まちがえた問題はもう一度やり直そう。

🔢1 筆算で計算をしましょう。

① 198×37

```
    1 9 8
×     3 7
  1 3 8 6
  5 9 4
  7 3 2 6
```

② 329×87

```
      3 2 9
×       8 7
  2 3 0 3
2 6 3 2
2 8 6 2 3
```

③ 813×41

```
      8 1 3
×       4 1
      8 1 3
3 2 5 2
3 3 3 3 3
```

④ 450×16

```
      4 5 0
×       1 6
  2 7 0 0
  4 5 0
  7 2 0 0
```

⑤ 503×79

```
      5 0 3
×       7 9
  4 5 2 7
3 5 2 1
3 9 7 3 7
```

⑥ 654×25

```
      6 5 4
×       2 5
  3 2 7 0
1 3 0 8
1 6 3 5 0
```

---

24 計算のくふう

今日のせいせき
まちがいが
- 0-2こ よくできたね!
- 3-5こ できたね
- 6こ〜 がんばろう

💩 かけ算だけの式はかけるじゅんじょをかえてもいいよ。
このきまりを使って,筆算しないで計算するよ。

🔢1 25×13×4をくふうして計算します。

25×4=100が使えるように,かけるじゅんじょをかえる。

$25 \times 13 \times 4 = 13 \times \boxed{25} \times \boxed{4}$

$= 13 \times \boxed{100}$

$= \boxed{1300}$

計算のじゅんじょをかえて25×4=100を使えるようにくふうするのじゃ。

🔢2 くふうして計算しましょう。

① $25 \times 27 \times 4 = 25 \times 4 \times 27 = 100 \times 27 = 2700$

② $9 \times 25 \times 4 = 9 \times 100 = 900$

③ $13 \times 5 \times 6 = 13 \times 30 = 390$

④ $5 \times 34 \times 20 = 5 \times 20 \times 34 = 100 \times 34 = 3400$

⑤ $8 \times 21 \times 50 = 8 \times 50 \times 21 = 400 \times 21 = 8400$

⑥ $25 \times 28 = 25 \times 4 \times \boxed{7} = 100 \times 7 = \boxed{700}$

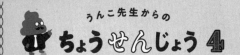

うんこ先生からの
ちょうせんじょう4

～たん生日当てクイズ～

キミのたん生日をズバリ当ててみせるぞい。5つの計算をしてくれ。

① まず,キミの生まれた月を4倍するのじゃ。
生まれた月を書こう　(例)10月10日とすると
$10 \times 4 = 40$
↓同じ数を入れる

② その数に9をたすのじゃ。
$40 + 9 = 49$

③ その数を25倍すると…?
$49 \times 25 = 1225$

④ その数に,生まれた日をたしてみるのじゃ。
生まれた日を書こう
$1225 + 10 = 1235$

⑤ その数から225をひくと…
$1235 - 225 = 1010$

※1015なら10月15日,805なら8月5日

ズバリ!これがキミのたん生日じゃな!

💩 くふうして計算しましょう。

① $4 \times 19 \times 25 = 4 \times 25 \times 19 = 100 \times 19 = 1900$

② $4 \times 63 \times 50 = 4 \times 50 \times 63 = 200 \times 63 = 12600$

③ $25 \times 59 \times 4 = 25 \times 4 \times 59 = 100 \times 59 = 5900$

④ $50 \times 34 \times 2 = 50 \times 2 \times 34 = 100 \times 34 = 3400$

⑤ $12 \times 25 = 3 \times 4 \times 25 = 3 \times 100 = 300$

⑥ $25 \times 32 = 25 \times 4 \times 8 = 100 \times 8 = 800$

⑦ $24 \times 25 = 6 \times 4 \times 25 = 6 \times 100 = 600$

⑧ $25 \times 36 = 25 \times 4 \times 9 = 100 \times 9 = 900$

テストに出るうんこ

第1位

うんこ・バイ・ミー
Unko by Me

心にのこる名作から大ヒット作品まで!
世界の人気うんこ映画
ベスト10

「いつまでもいっしょにうんこをしよう。」それが「合計額」の,なかよし4人組だった…。
あの夏の日までは…。世界中を感動のなみだでつつみこんだ,名作映画!

答え

49ページ

25 まとめテスト
3年生のかけ算

今日のせいせき まちがいが
- 💩 0〜2こ よくできたね！
- 🐾 3〜5こ できたね
- ♨ 6こ〜 がんばれ

点

1 □にあてはまる数を書きましょう。 (1つ3点)

① 5×4=5×3+ 5 　　② 8×6=6× 8

③ 9×7=9×8− 9 　　④ 3×2=2× 3

2 かけ算をしましょう。 (1つ3点)

① 10×4= 40 　② 0×3= 0 　　③ 7×10= 70

④ 0×0= 0 　⑤ 60×90= 5400 　⑥ 50×20= 1000

3 筆算で計算をしましょう。 (1つ3点)

① 27×6
```
  2 7
×   6
1 6 2
```

② 95×8
```
  9 5
×   8
7 6 0
```

③ 28×7
```
  2 8
×   7
1 9 6
```

④ 108×9
```
1 0 8
×   9
9 7 2
```

⑤ 327×4
```
3 2 7
×   4
1 3 0 8
```

49

50ページ

4 筆算で計算をしましょう。⑤⑥はくふうして計算しましょう。 (1つ3点)

① 416×27
```
    4 1 6
×     2 7
  2 9 1 2
  8 3 2
1 1 2 3 2
```

② 63×82
```
    6 3
×   8 2
  1 2 6
5 0 4
5 1 6 6
```

③ 903×58
```
    9 0 3
×     5 8
  7 2 2 4
4 5 1 5
5 2 3 7 4
```

④ 24×59
```
    2 4
×   5 9
  2 1 6
1 2 0
1 4 1 6
```

⑤ 9×24
```
  2 4
×   9
2 1 6
```

⑥ 30×85
```
    8 5
×   3 0
2 5 5 0
```

5 次の映画の正しいタイトルをそれぞれえらんで，線でむすびましょう。 (全部できて37点)

海の上の
うんこニョ 　　ジュラうんこ
パーク 　　うんこの乱

50

63

計算などで
自由に使おう！

うんこBooks

うんこ先生と楽しく学べる "うんこの本" も大好評発売中!

いろいろな うんこが大変身!

うんこしかけ えほんシリーズ

幼児向け

のりもの なーんだ?

どうぶつ だーれだ?

うみのいきもの だーれだ?

えんぴつ不要! シールをはるだけでお勉強ができる!

シールでおけいこシリーズ

	総合	かず	もじ	ちえ	いろ・かたち
2さい					
3さい					
4さい					

おもに 小学生向け

ひらめき力が 身につく!

うんこなぞなぞ

上級　最上級

4さい〜6さい　1ねんせい　2年生

科学的思考力が 身につく!

うんこドリル 空想科学読本

マンガで 身につく!

マンガ うんこ ことわざ辞典

考える力が 身につく!

松丸亮吾の うんこナゾトキ

初級　中級　上級

ご購入は、お近くの書店またはブックサービス(0120-29-9625)へ　www.bunkyosha.com

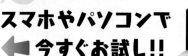